I0077421

Comte J, De JOUFFROY-D'ABBANS

Auteur de la *Méthode Réaliste*

~~~ ~ ~~~~

# ÉTUDES EXPÉRIMENTALES

---

## ACCORD

### DE L'EXPÉRIENCE ET DE LA SCIENCE
### AVEC LA FOI

---

BESANÇON

IMPRIMERIE ET LITHOGRAPHIE DODIVERS ET Cie

87, Grande-Rue et Rue Moncey, 8 bis

—

1902

8°R
18204

# ÉTUDES EXPÉRIMENTALES

## ACCORD DE L'EXPÉRIENCE ET DE LA SCIENCE AVEC LA FOI

## CHAPITRE Iᵉʳ

**Superposition des deux mondes.— Le monde extérieur et celui de la pensée. — Le sommeil. — Les rêves. — Etude de quelques rêves.**

Les phénomènes de la vie courante, nous voulons dire à l'état de veille ou de réveil, peuvent se partager en deux grandes catégories, ceux qui se passent en partie double, dans le monde extérieur et dans le monde de la pensée (car nous ne nous apercevons de rien au dehors sans y penser en même temps) et ceux qui se passent dans le monde de la pensée seulement ou dans l'horizon interne : tels les suppositions, les projets, les fictions et imaginations plus ou moins vagabondes ou fantaisistes Les faits qui se passent simultanément dans l'horizon interne et dans l'horizon externe ont un caractère additif ; ils nous intéressent dans notre corps et dans notre âme ; ils ont une importance capitale au cours de la vie sur la terre et se nomment *réels* dans le sens spécial du mot. Ceux qui se passent dans le monde interne seulement, n'en ont pas moins une importance très grande, notamment pour préparer l'avenir. Le but de la vie semble être de réduire à l'état nominal ou d'idées prémonitoires, tous les faits regrettables et au contraire d'amener à l'état additif ou réel, dans le sens spécial du mot, ce qui est désirable.

Ceci demande à être précisé.

Dans le monde, rien n'est désiré des mortels comme les grandeurs, la possession des richesses, les plaisirs de la table et autres. Tous ces plaisirs sont décevants ; quand on en abuse, ils causent le dégoût, la satiété et une mort prématurée. Ni l'or, ni les grandeurs ne nous rendent heureux. Le bonheur durable n'est pas dans des sensations passagères, mais il se mérite, comme il sera mis en évidence au cours de cette étude.

. Certaines connaissances, dont nous sommes très fiers, sont loin d'être immanentes à l'individu ; elles résultent d'une collaboration avec les contemporains, les prédécesseurs et tous les agents de la tradition. C'est une étude curieuse et instructive.

L'individu humain passe journellement par les états d'éveillé et d'endormi :

1° L'éveillé assiste à la double représentation de ce qui se passe au dehors d'une part, et des chan-

gements qu'il prémédite dans le champ de sa pensée d'autre part, constituant ses intentions à réa-
liser sans préjudice des méditations, des divaga-
tions, châteaux en Espagne, romans, fables ou
autres constructions mentales dont beaucoup ne
se réaliseront jamais.

2° L'endormi, privé de ses communications volontaires avec le monde extérieur et social, se laisse aller à l'étrange voyage dans le pays des rêves.

L'endormi est curieux à étudier. Nous allons
nous en convaincre par l'exposé d'un certain
nombre de rêves dont nous avons pris note au
moment du réveil fortuit ou en sursaut ou que
nous avons recueillis nous-même de la bouche
d'autrui, dans des circonstances favorables. Cette
étude, nous le répétons, est très intéressante pour
mettre en évidence la différence entre le moi éveillé,
ayant des relations volontaires ou non avec le
grand monde extérieur et social et ce même moi
singulièrement réduit quand, nous le répétons, les
communications volontaires avec le monde extérieur et social sont interrompues.

1° Endormi à Paris, je rêvais que j'étais sur le
bord de la rivière l'Ognon qui forme limite entre
le Doubs et la Haute-Saône et que je faisais la rencontre du père C... (vieux braconnier). Celui-ci
portait gaillardement une perche munie d'une ligne
très fine, faite de deux crins de cheval, avec laquelle je le vis jeter coup sur coup sur le terrain

deux énormes brochets de 20 livres chacun. Ils étaient porteurs sous leurs écailles de milliers de puces et je n'en étais nullement surpris. En ce moment, je vis deux énormes chouettes se lever des bords de l'eau, s'abattre sur la rivière et y plonger comme des palmipèdes. Lina, ma bonne chienne d'arrêt, se précipite et plonge à la suite des deux chouettes et je la vois tomber en arrêt sous l'eau, debout sur ses quatre pattes, à six pieds de profondeur. Elle va se noyer me dis-je, mais je la vois revenir à la surface de l'eau ; je veux la prendre par son collier, mais elle plonge de nouveau et je me trouve moi-même enfermé dans un souterrain qui a poussé comme par enchantement sur la rive. À ce moment, je me réveille en sursaut, je suis embrassé par une barbe rude qui m'entre dans la joue ; j'étais tout ému. C'était un de mes fils qui rentrait un peu tard. Je lui racontai mon rêve et de quelle position il venait de me tirer. Je venais de voir en rêve, le père C..., alerte et vigoureux, comme s'il n'était pas mort depuis plusieurs années et Lina, ma bonne chienne, périe depuis plus d'un an et que je regrette vivement. Je ne puis m'expliquer comment j'ai pu oublier, en rêve, sa fin dont je m'afflige encore. Sans avoir la prétention, me dit-il, d'expliquer les rêves, le vôtre semble signifier que la pêche comme la chasse ne conduit à rien de sérieux. Il faut sept chasseurs pour en nourrir un.

Dernièrement, je rêvais qu'un voisin devenait fou et que, par ordre du médecin, on lui tirait dans l'oreille des coups d'un revolver, petit calibre, qui lançait un liquide avec une grande précision. Ce procédé causait au patient une grande jouissance. Je croyais bonnement que cela se passait devant moi, dans le monde extérieur, comme dans le champ de ma pensée et je me disais que le procédé était normal.

Un ami à qui je racontai ce rêve extravagant me répondit : « Pas si extravagant ! Le médecin par ses ordonnances ne donne-t-il pas des coups qui tombent sur la maladie quand ils ne tombent pas sur le malade » ?

D'un cultivateur, à qui je demandais de ses nouvelles, j'eus cette réponse : « Je suis encore tout ému du rêve que j'ai fait cette nuit ». J'avais emprunté à mes voisins deux voitures avec leurs attelages pour rentrer mes gerbes. Voitures et attelages disparurent subitement à ma barbe. Je parcourus immédiatement tout le territoire, pour en avoir des nouvelles Finalement je glissai dans une fondrière et je me suis réveillé. Heureusement j'en ai été quitte pour la peur.

Une brave dame, Madame A..., me disait en parlant de rêves, qu'étant jeune fille et connaissant très peu M. A..., qu'on lui disait avoir de la fortune, elle avait rêvé qu'elle se trouvait avec lui dans un grenier où il l'embrassait bravement.

Quelque temps après, le mariage se fit. M. A...
n'était pas riche, mais il était excellent musicien
et rendit sa femme heureuse. Celle-ci me déclara
qu'elle avait toujours cru que son rêve signifiait
que la fortune ne fait pas le bonheur.

Madame J..., une digne mère de famille, me
disait avoir rêvé que sa fille, âgée de 10 ans, dor-
mait dans un petit bénitier au milieu des fleurs
champêtres ; de nombreux visiteurs venaient l'ad-
mirer. La bonne mère leur recommandait de
prendre bien garde de la réveiller. On m'a dit,
ajouta-t-elle, que ce rêve signifiait qu'une jeune
fille qui reste sage et innocente sera toujours re-
cherchée.

Cette même personne m'a raconté un rêve su-
perbe. Elle s'était élevée en compagnie d'une sœur
de charité bien haut dans les airs. Elles s'étaient
trouvées toutes deux brillantes de lumière et
avaient vu en un clin d'œil la terre entourée d'une
banderole bleue, rose et argent, sur laquelle il y
avait des sentences en lettres d'or. Instantanément
cette banderole s'est trouvée placée autour de la
terre à la portée de tous les yeux. Ces sentences
étaient magnifiques, mais elle n'avait pas pu en
retenir une seule. Mon rêve, m'a-t-on dit, signifie
que la foi unie à la charité doit faire la conquête
du monde.

Madame X..., une bonne mère, âgée de 40 ans,
en vacances en province avec ses enfants, à qui je

demandai de ses nouvelles, me répondit : « J'ai été bien tourmentée cette nuit : j'ai rêvé que j'allais partir pour Alger avec ma fille. Sur le quai d'embarquement, ma fille se sauva comme une folle, s'exposant à tomber à la mer à chaque instant. J'étais dans des transes mortelles. Je pus à grand'peine la rejoindre et m'embarquer. Arrivée sur le bateau, la neige se met à tomber à gros flocons. Une passagère dit : c'est comme à Saint-Pétersbourg au mariage du czar. Les rues, les maisons étaient blanches, non de neige, mais tendues de calicot. Je le crois bien, dit un passager, un négociant a fait faillite, on lui a pris tout son calicot. »

Je trouve remarquable la neige à votre départ pour Alger et le calicot pour blanchir les rues de Saint-Pétersbourg. C'est une interversion notable dans la manière dont les choses se passent habituellement en Europe.

« A ce moment, ajoute Madame X..., je me suis retrouvée sans transition et sans surprise, chez moi en province. J'y ai vu une vieille femme couchée dans mon lit et malade ; elle n'avait point de draps. Je courus à mon armoire lui en chercher. Les portes étaient enfoncées. On m'a dévalisée ! J'étais très tourmentée quand un trait de lumière passa dans mes yeux : Mais ce n'est pas possible, me dis-je, je dois rêver et alors après des efforts très soutenus, je me suis réveillée ». Je dois ajouter, me dit mon interlocutrice, que j'ai été très frappée au réveil par le soupçon venu pendant le sommeil que je rêvais, qui m'a passé par la tête comme un trait de lumière et qui a été suivi d'un effort persistant de volonté en vertu duquel je suis parvenue à passer du sommeil au réveil. J'abandonne ce fait à vos méditations psychiologiques.

M'étant couché en bonne santé dans un appartement, au second étage à Paris, je dormais d'un profond sommeil, quant tout à coup, j'aperçus à la fenêtre un grand escogriffe qui l'ouvrait sans difficultés et se précipitait sur moi, un poignard à la main. Je me suis réveillé en sursaut et je fus très heureux de la disparition de cette vision qui s'évanouit subitement comme une ombre et dont j'aurais perdu tout souvenir, si je n'en avais pris note à mon réveil.

Réfléchissons un instant sur le fait du rêve qui passe inaperçu au cours de la vie, tout en y figurant périodiquement tous les jours.

# CHAPITRE II

**L'homme privé de ses connaissances avec le monde extérieur et avec ses semblables, est sujét aux plus grandes extravagances.**

---

L'homme s'endort involontairement à peu près quotidiennement. Il donne aux agents physiologiques toute latitude pour réparer ses forces. La sensibilité et le mouvement sont interrompus, mais l'âme veille toujours et ne cesse pas de penser ; elle voyage dans le pays des rêves. Ces rêves apparaissent sans que l'endormi sache d'où ils viennent ; ils accusent un bouleversement manifeste de connaissances. Ainsi l'endormi oublie la mort d'individus dont la disparition l'affecte sensiblement au réveil. Il lui paraît énorme qu'il ait pu oublier leur mort pendant le sommeil. Il perd également la notion des lois de la pesanteur, quand il croit s'élever spontanément dans les airs. Cela tendrait à prouver que des connaissances qui nous paraissent familières pendant le réveil ne seraient pas à poste fixe immanentes à l'esprit de l'homme, mais seraient le résultat d'une collaboration sociale et supérieure se prêtant au réveil à la résurrection.

Nos rêves arrivent, avons-nous dit, sans que nous sachions ni pourquoi ni comment, et s'évanouissent, en général, avec une étonnante rapidité. Survenus, nous le répétons, nous ne savons comment, ils disparaissent de même. Il y en a d'agréables ; il y en a de terribles. Le choix de la représentation ne dépend pas de la volonté individuelle.

Les médecins utilisent la disparition, pendant le sommeil, de la sensibilité et du mouvement pour endormir profondément leur malade et effectuer sans douleurs certaines opérations chirurgicales, qui sans cette précaution, seraient très douloureuses chez l'éveillé. Cette observation servira à établir la grande différence entre l'âme et le corps. Ce dernier est composé de molécules désagrégeables qui se renouvellent par la nutrition a telle enseigne que tout individu ne serait plus porteur des mêmes molécules au bout d'un temps relativement court. Ce n'est plus du tout le même corps, mais c'est la même âme, substance impondérable et surtout relativement connaisseuse et maîtresse, pendant le réveil, d'agir volontairement et avec discernement.

En résumé l'endormi est seul ; il est privé de l'usage de ses mains et de ses yeux et ne peut s'assurer de la vidnité des spectres qui l'assaillissent momentanément. Les rêves sont secrets et personnels ; cela suffit pour établir leur peu d'im-

portance. Leur inanité est proverbiale, par opposition avec les spectacles sociaux ou de la vie réelle
ou de double relation avec les choses et avec les
idées, ou des relations personnelles, volontaires et
sociales qui se continuent d'un jour à l'autre, s'en-
chaînant par des liens communs, matériels et im-
matériels qui établissent la continuité de chaque
vie humaine dans l'ensemble de la société sur la
terre. Le moi, les initiateurs et tous les agents de
la connaissance fonctionnent simultanément dans
une collaboration qui sera de plus en plus mise en
évidence

# CHAPITRE III

## L'enfant. — Acquisitions familiales des connaissances élémentaires

L'homme est fait pour vivre en société et quand il est seul, il est sujet particulièrement à errer. L'homme passe dans des états d'enfant, d'homme mûr et de vieillard. L'enfant éveillé est d'une ignorance et d'une impuissance notoires. Il ne peut ni se nourrir ni se vêtir seul. Il écoute avant de parler ; il reçoit de la bouche des initiateurs des leçons de choses et de personnes, comme nous le verrons bientôt. L'homme est un esprit emprisonné dans un corps. Le corps, chacun le sait, a besoin d'un entretien journalier ; il est formé de molécules qui se désagrègent sans cesse. Le corps est la partie obéissante de notre personne ; il s'use et il se renouvelle continuellement, nous le répétons, de fond en comble tous les sept ans, disent les médecins. C'est le même instrument, mais il ressemble au couteau de Jeannot. Celui-ci avait changé si souvent de manche et de lame qu'il ne restait plus rien que la forme du couteau primitif.

L'âme est la partie connaisseuse et partant permanente. C'est une substance qui ne se désagrège pas. C'est la partie fondamentale du moi. Celui-ci

est donc un esprit uni à un corps, à qui il apporte
la vie. Quand l'âme quitte le corps, il devient corps
mort, momie égyptienne s'il est embaumé ; généralement. il tombe rapidement en putréfaction.
L'esprit de l'homme est un foyer de connaissances.
Quand l'esprit les applique à la conduite de la vie
sociale, il prend le nom d'âme ; mais les noms
d'âme et d'esprit s'emploient couramment l'un
pour l'autre pour désigner la force individuelle et
connaisseuse qui concourt à l'acquisition des connaissances et à la direction du mouvement du
corps. L'âme est en faction dans le corps, comme
dans une guérite.

Le vivant éveillé est le siège de sensations agréables, de plaisirs ou de douleurs qui ne l'avertis-
sent pas exactement des dangers qu'il court. Il y a
des corps qui flattent l'œil et le goût et qui sont
funestes à la santé. Les matières alimentaires en
général ne sont pas absolument bonnes ou mauvaises par elles-mêmes, elles sont simplement utilisables ; elles deviennent utiles ou nuisibles suivant le moment, la proportion ou la dose. De là
dérive la nécessité de l'initiation.

Les âmes humaines enfermées dans leurs corps,
chacune à chacune, sont le siège de sentiments
d'aversion ou d'amour et de préventions souvent
injustes. Telle figure rébarbative cache fréquem-
ment les meilleurs sentiments et telle figure sou-
riante les inventions les plus perfides.

Les esprits humains enfermés sous leurs boîtes crâniennes se communiquent leurs pensées, leurs sentiments par la parole. La parole donnée à l'homme pour transmettre ce qu'il sait, sert trop souvent à cacher ce qu'il a vu ou à dissimuler ses sentiments ; en un mot à mentir ou à parler contre son savoir. Elle est alors l'instrument des plus noires perfidies.

Voyons comment l'homme jouissant des grâces d'état du réveil apprend de la bouche des initiateurs, suivant des traditions procédant des traditions de l'esprit du bien ou de l'esprit du mal, à agir d'une manière progressive dans le sens du bien ou du mal, comme il sera ultérieurement développé ; comment il apprend à se servir de choses utilisables et surtout à connaître son monde, ses ennemis les plus redoutables ; ceux qui le flattent par de belles paroles ou qui excitent ses passions. Nous allons le voir, l'acquisition, le classement, l'application de nos connaissances ne sont pas des faits purement individuels mais résultant d'un travail individuel et social fécondé ou obstrué par des actions humaines et supérieures.

# CHAPITRE IV

L'adolescent. — Acquisitions sociales des connaissances supérieures. — La sagesse ou la bonne conduite passe avant la science.

---

Il y a une différence capitale entre le développement du corps chez les animaux supérieurs, oiseaux, quadrupèdes, et le développement du corps de l'homme. Les animaux ont généralement des sens plus parfaits que ceux de l'homme. Les oiseaux ont le regard plus perçant, ils s'élèvent dans les airs. Au bout d'une année, beaucoup sont aptes à se reproduire. Le mâle du rossignol et de la fauvette fait entendre, pendant que la femelle couve, la joyeuse ritournelle qui cesse dès que les œufs sont éclos, et que les mâles nouveau nés répéteront l'année suivante sans jamais l'avoir entendue.

Le loup, le renard, le chien ont l'odorat beaucoup plus développé que l'homme et suivront des traces de lièvres et de chevreuils, et ceux-ci prouveront par leurs ruses qu'ils ont aussi le flair très développé. Le chat et les fauves ont la lentille lenticulaire, ce qui leur permet de distinguer leurs proies pendant la nuit.

Le singe est quadrumane; il grimpe avec agilité au faîte des arbres et s'élance d'un arbre à un autre avec son appendice caudal.

Mais tous ces animaux ont une différence complète avec l'homme. Ils n'ont pas une âme connaissant le bien et le mal et susceptible d'agir avec discernement dans le sens du bien général contre leurs passions. Tels ils étaient il y a mille ans, tels ils sont encore aujourd'hui.

L'enfant est né nu, incapable de se vêtir et de se nourrir seul; il écoute avant de parler et de pouvoir bégayer quelques paroles. Il n'y a pas de comparaison possible entre le développement des individus humains et celui des animaux. D'après la loi française, la fille ne peut se marier avant quinze ans et le jeune homme à moins de dix-huit ans révolus. A cet âge, le cheval, le bœuf, le chien, le chat sont animaux hors d'âge et fourbus. Quant au développement mental, c'est chez l'homme une affaire d'initiation qui suppose le travail antérieur des générations, une intervention personnelle familiale, nationale, sociale et supérieure.

Vers l'âge de quatre ans, l'enfant prononce généralement, en langue locale, les noms des objets et des soins dont il a le plus besoin.

Voyons comment il saisit au vol, la signification des noms prononcés par ses parents, pour désigner les personnes, les choses et les actes applicateurs dans les principales circonstances de la vie courante.

N'ayons crainte d'entrer dans de prosaïques détails ; ils sont nécessaires pour aller au fond des choses.

Bon père et bonne mère, en apprenant à leur enfant à marcher lui révèlent en même temps le nom des organes de locomotion et les noms des mouvements à leur imprimer. « Viens dans mes bras » dit bonne mère, en ouvrant ses bras à l'enfant. « Pars du pied droit » dit bon père, puis du pied gauche pour avancer, en guidant avec la main le pied de l'enfant.

Ils ne voient pas ce qui se passe dans la petite boule de l'enfant. Il s'agit de représentations mentales invisibles aux yeux indiscrets. Tout ce que nous pouvons dire, c'est qu'à la suite d'efforts répétés et bienveillants des parents et de l'attention spontanée de l'enfant, il arrive qu'il apprend à marcher en recevant de la bouche des parents les noms usités depuis longtemps dans son lieu d'habitation pour désigner les organes et les mouvements voulus pour marcher.

Ajoutons pour mémoire qu'il est nécessaire que les parents éducateurs et l'enfant à éduquer aient les grâces d'état qui caractérisent le réveil en ce monde : grâces journalières sur lesquelles nous sommes blasés et sur lesquelles nous aurons occasion de revenir.

Poursuivons notre étude de l'enfant. L'enfant est très volontaire ; mais sa volonté n'est pas guidée par des idées savantes et réfléchies. Lustucru pousse les hauts cris pour avoir la lune dont il voit l'image au fond de l'eau. Bon père, bonne mère, les voisins se mettent l'esprit à la torture pour lui faire comprendre l'impossibilité de satisfaire à sa demande. Avaltoucru porte à sa bouche tout ce qu'il voit, même des plantes vénéneuses ou des objets dangereux et il n'est pas possible de lui mettre dans la tête, commé avec la main les idées prémonitoires qui lui permettent de concourir efficacement à l'entretien de sa personne. Cela viendra sans que les parents puissent le faire à volonté, par un simple *fiat lux* et ils ne peuvent qu'y contribuer.

Dès que l'enfant est admis à prendre ses repas en famille, il reçoit plusieurs fois par jour, les leçons les plus importantes. Il apprend les noms des aliments dont il reçoit une portion à son tour. « Fi ! que c'est laid d'être gourmand et de manger sa viande sans pain, dit bonne mère ; le pain aide à la digestion », Bon père réprimande l'enfant, s'il redemande d'un plat avec avidité. Des fruits ont-ils été dérobés, bon père dit : « Fi ! que c'est laid d'être voleur ! » Et si l'enfant est reconnu être l'auteur du larcin, après l'avoir nié, bon père dit : « Fi ! Que c'est laid d'être menteur ! » Le Bon Dieu, cause première de la connaissance qui

nous éclaire et qui connaît nos plus secrètes pensées, sait celui qui ment, et celui qui ment a
crainte des reproches des hommes; il est lâche
devant les hommes et brave devant Dieu; comme
l'a dit un auteur. C'est ainsi que l'enfant apprend
en famille, de la bouche des prédécesseurs
humains, les premières leçons dites de choses et
de personnes, pour vivre en société et qu'en
même temps il apprend les mots usités dans son
pays natal pour qualifier, éclairer et commander
les actions humaines.

Les idées des choses et des actes ne restent
pas gravées dans la tête de l'enfant comme une
photographie matérielle. Les idées des objets
utilisables et les projets d'efforts utilisateurs
apparaissent à l'état lucide, suivant les besoins
de la vie journalière, puis disparaissent pour
réapparaître, soit spontanément, soit sous l'influence de son entourage, plus ou moins pourvu,
plus ou moins besogneux comme lui et jouissant,
nous le répétons, des grâces d'état du réveil :
situation très instructive à étudier pour mettre en
évidence les dons progressifs qui récompensent
les efforts du sujet attentif aux leçons des initiateurs, transmettant ce qu'ils ont reçu eux-mêmes
pendant l'état de veille et y ajoutant leurs observations personnelles, soit sous forme orale, soit
sous forme écrite c'est-à-dire avec le secours des
étrennes de Cadmus ou des lettres de l'alphabet

qui méritent une mention particulière. Ces lettres,
du noir sur du blanc, au nombre de vingt-quatre,
servent à représenter tous les sons articulés et à
fixer la parole : *verba volant, scripta manent.*
C'est sous forme d'écrit que se transmettent la plupart des connaissances historiques, scientifiques,
artistiques. Les lettres et leurs assemblages en
mots, n'ont de significations que par les conven-
tions transmises et perfectionnées de génération
en génération. L'écrivain s'inspire des usages reçus et le lecteur a la ressource du dictionnaire ou
d'une consultation sociale. L'interprétation des
écrits est une œuvre individuelle, sociale et quelque chose de supérieur, ne l'oublions pas.

Ce n'est que vers l'âge de quatre ans ou plus
généralement vers l'âge de cinq ans, au dire
d'éducateurs, que l'enfant a reçu les connaissances élémentaires nécessaires pour se con-
duire ; les filles seraient généralement un peu
plus précoces que les garçons, excepté pour apprendre à compter. Vers l'âge de sept ans, l'enfant atteint ce que l'on nomme vulgairement l'âge
de raison, c'est à-dire, qu'il passe pour avoir
acquis les connaissances les plus communes et
indispensables pour vivre et user avec discernement des choses les plus utiles dans la vie courante. Il a alors la représentation mentale, sommaire des conséquences de ses actes habituels.

Des idées prémonitoires lui représentent à

l'avance, sous sa boîte crânienne, les conséquences de ce qui arriverait au dehors dans le
grand monde extérieur et social s'il appliquait
telle idée plutôt que telle autre: faisant apparaître
avec la rapidité de la pensée les suites des divers
partis possibles entre lesquels il a choix.

A ce moment cessant d'être enfant à la ma-
melle et en bas âge, l'enfant passe à l'état de
jeune élève, va recevoir à l'école officielle ou à
l'école libre ou privée, les leçons de grammaire,
de calcul, de géométrie, précis de morale, d'histoire et de géographie qui forment la base de
l'enseignement primaire.

Quant à l'enseignement religieux des préceptes
de l'Evangile, « Tu aimeras Dieu de toutes tes
forces et ton prochain comme toi-même », les
parents chrétiens estiment que cet enseignement
est celui de la sagesse et que la sagesse passe
avant la science. En effet, la science est comme
une épée à deux tranchants permettant d'ac-
complir le bien ou le mal, de briser les rochers
avec de la dynamite ou de jeter l'épouvante et la
mort dans une population par des bombes explo-
sibles, d'éclairer les appartements, ou de pétroler
les villes.

La sagesse prescrit le dévouement; elle ne fait
pas de mal. Les parents en France se partagent en
deux catégories: ceux qui veillent avec un soin
scrupuleux à l'éducation chrétienne de leurs en-

fants et les parents sceptiques ou égoïstes qui n'en
ont nul souci et sont plus enclins aux plaisirs qu'au
dévouement.

Quant aux enfants, il y a les sages qui appren-
nent et pratiquent les recommandations du catéchisme et qui sont doux, obéissants, véridiques,
aimants, prêts à faire la paix et l'accord en société,
disposés à oublier les injures et à rendre le bien
pour le mal, et les turbulents, égoïstes, contra-
riants et menteurs, qui s'annoncent sous de vilains
auspices pour les relations sociales. Entrons dans
quelques développements.

Les préceptes de l'Evangile ou de la loi nouvelle
sont d'une admirable simplicité : « Tu aimeras
Dieu, ton créateur, par dessus toutes choses et ton
prochain, comme toi-même ». Cette règle ren-
ferme tout ; car, si tu aimes ton prochain, tu ne
lui feras pas ce que tu ne voudrais pas qu'on te fît à
toi-même ; tu l'aideras de toutes les forces. La
reconnaissance la plus élémentaire exige l'amour
de Dieu qui n'est pas un vain mot pour ceux qui
l'invoquent du fond du cœur et qui ne se laissent
pas aveugler par les passions.

L'homme écoute avant de parler, consomme
avant de pouvoir produire, reçoit tout de la société. Le premier homme a tout reçu du Créateur,
mais il a desobéi, de là, l'origine du mal sur la
terre et la nécessité de gagner sa vie au milieu
des injustices des hommes et des rigueurs de la

nature. Dans cette douloureuse situation, il faut lutter courageusement et compter sur un monde meilleur comme l'enseigne le divin maître dans la prière admirable qu'il nous a enseignée : « Notre père qui êtes aux cieux, que votre nom soit béni, que votre règne arrive, que votre volonté soit faite sur la terre comme au ciel et pardonnez-nous nos offenses comme nous pardonnons à ceux qui nous ont offensés. »

Dans les familles chrétiennes on apprend aussi à honorer les saints, qui ont subi d'une manière héroïque l'épreuve terrestre et qui ont prouvé par des miracles le rôle qu'ils jouaient près du Maître de la vie; leurs grandes et belles âmes, débarrassées d'un corps empoisonné qui les séparait de Dieu, jouent désormais le rôle d'intermédiaires entre Dieu et les mortels enfermés et souvent grisés dans leurs corps maudits.

Disons en passant, que l'existence des esprits intermédiaires entre l'Être suprême que les sauvages eux-mêmes nomment le grand esprit ne fait aucun doute aux yeux de l'âme qui n'a pas été sophistiquée par les mauvais conseils et la débauche ; que de grands sages, tels que Socrate et Numa Pompilius, affirmaient avoir l'un son démon familier, l'autre sa nymphe Egérie jouant le rôle d'ange gardien, leur apportant leurs bonnes inspirations. La religion chrétienne établit avec beaucoup de raison, et avec les livres saints à l'appui, toute une hiérarchie d'intermédiaires entre Dieu et les hommes, les esprits supérieurs invisibles à l'œil nu, mais dont l'existence est plus certaine que celle de l'électricité, du magnétisme et de la lumière, fluides impondérables, grands bras de la nature, dont l'existence ne fait pas de doute, mais qui sont d'une obéissance passive à l'esprit de l'homme qui sait en diriger les courants.

Les frères nommés *Ignorantins*, (parce qu'il est reçu dans le monde de parler avec dédain des personnes modestes et dévouées), tous les éducateurs soucieux de concourir au bonheur de l'enfant et de l'humanité, donnent au futur homme les premières notions de l'histoire sainte ou de l'ancien testament relatives à la formation et à la chute de l'homme et aux moyens de se relever, moyens bien nécessaires, quand le sage lui-même pêche sept fois le jour.

L'homme a sans cesse ses bons et ses mauvais conseillers et inspirateurs, visibles et invisibles. Ce fait est indéniable pour tout réfléchisseur sérieux et impartial.

Les élèves se classent, comme on sait, de deux manières : 1° au point de vue de la science, c'est-à-dire de leur aptitude à apprendre une branche spéciale des connaissances humaines, en élèves plus ou moins bons; 2° au point de vue de la sagesse ou de leur bonne volonté à appliquer leurs connaissances et les biens dont ils disposent à la satisfaction de leur entourage. Les bons sujets se font généralement aimer et estimer.

Les degrés inférieurs d'aptitude se corrigent parfois par un travail obstiné ; quant à la conduite elle peut toujours se modifier par les conseils des parents et des fréquentations bonnes ou mauvaises. Ceux qui s'écartent des règles du catéchisme se préparent un triste avenir et de nombreux déboires.

Dans les écoles laïques, en France, on se préoccupe avant tout de l'instruction ou de la science. Dans les écoles libres, on se préoccupe beaucoup de l'éducation et de développer les qualités du cœur, sans négliger l'instruction.

Au sortir des classes primaires, les élèves se dirigent en grand nombre vers les métiers ou commencent comme aides dans des chantiers, ateliers et magasins, ou comme apprentis dans les différentes branches d'industrie, arts et métiers. Un certain nombre entreront comme élèves dans les classes secondaires, les écoles professionnelles, suivant leurs aptitudes. Les privilégiés de la fortune ou ceux qui ont mérité des bourses par leur bonne conduite unie à leur réussite dans les classes primaires poursuivront leurs études en vue des professions libérales. M. P. Q. iront aux lettres, X. Y. aux sciences, Brisefer aux travaux publics, Mainbœuf à une école d'agriculture, Coupebien à la médecine militaire, Tuetout à la médecine civile, Languebienpendue au barreau, Martial sera militaire ; chacun suit généralement sa vocation.

Il n'est pas donné à tout le monde de faire de beaux discours. Le premier venu ne réussit pas en mathématiques. Le célèbre Pascal qui avait des dispositions exceptionnelles, à telle enseigne qu'il avait trouvé seul un certain nombre de propositions de géométrie, quand il aborda cette science entre les mains d'un maître, n'était pas né poète. On cite de lui ces deux vers :

Il fait aujourd'hui le plus beau temps du monde
Pour aller à cheval sur la terre et sur l'onde ;

il n'était pas comme Ovide :

*Quidquid tentabam scribere versus erat.*

Son père ayant voulu faire opposition, il lui répondit spontanément par ce vers :

*Oh ! tibi promicto genitor,*
*Quod nonquam cormina condam.*

Boileau a dit :

» C'est en vain qu'au Parnasse, un téméraire auteur
» Pense de l'art des vers, atteindre la hauteur. »

Il y a des aptitudes, des dispositions innées, manifestes chez chaque homme.

Admis, au mérite ou à la faveur, comme élèves dans les différentes écoles ou, comme surnuméraires dans diverses administrations publiques ou privées, les élèves ou apprentis continuent à se classer de deux manières : bons élèves, bons apprentis, d'après leurs aptitudes à acquérir les connaissances spéciales nécessaires à remplir une fonction plutôt qu'une autre, et, en bons sujets ou mauvais sujets, par rapport à la conduite.

Le bon élève de mathématiques, celui qui résout les problèmes, n'invente rien de toute pièce et quand il parvient à résoudre un problème c'est par application des connaissances antérieures dont il voit par l'inspiration une application inédite.

L'inventeur humain n'est jamais un inventeur de toutes pièces. Chaque découverte est le résultat de l'utilisation de découvertes antérieures, transmises par révélation, d'initiateur à apprenti sous l'œil bienveillant de la lumière increée qui éclaire tout homme venant en ce monde, mais qui se retire de celui qui néglige ses inspirations.

L'inspiration est généralement la claire vue nouvelle d'une conséquence jusque là inédite ; elle est manifeste pour tout chercheur de bonne foi raccroché par la bienheureuse idée qui rattache nos problèmes à un principe connu.

Si l'inspiration est manifeste pour le chercheur passant à l'état de découvreur, elle devient palpable dans l'application. A chaque instant dans la pratique de la vie, des suggestions bonnes et mauvaises assaillissent l'*éveillé humain*, non seulement sous forme d'inspiration secrète, mais sous forme de bons conseillers et de mauvais conseilleurs invitant à résister ou à se laisser aller à l'esprit d'orgueil, de débauche ou de paresse. Les humains se partagent en deux camps : les sages et les viveurs ; ces derniers grisés par le poison du fruit défendu et les autres s'efforçant d'y résister ; ils y sont puissamment aidés par les secours de la religion pour sortir à leur honneur et gloire de l'épreuve terrestre. La troupe des courageux et des réfléchis sacrifie les plaisirs sensuels du moment aux plaisirs plus sérieux et plus durables, procurant par les services rendus la douce jouissance, l'obligé des autres, dans leurs corps, dans leurs esprits et dans leurs âmes. Le but de l'épreuve terrestre est d'apprendre à l'homme à se grandir lui-même et à faire triompher l'ange sur la bête.

———————

# CHAPITRE V

## L'homme. — Application de nos diverses connaissances des différentes positions sociales.

------------

Pendant une plus ou moins longue suite d'années, l'individu humain en croissance, enfant, élève, jeune mineur a été vêtu, nourri, éduqué, entretenu gratuitement par la famille, par la patrie sans aucun mérite personnel, recevant gratuitement les secours des services, des biens qu'il n'a pas préparés ni mérités. Il a joué le rôle de consommateur dans la plus large acception du mot.

A partir du moment où il atteint sa majorité et jouit d'une certaine fortune, l'héritage de ses parents, ou remplit un emploi social, dû, plus ou moins à son mérite ou à des influences, il est à ses pièces et cesse d'être entretenu gratuitement par la Société, il se procure vêtement, logement, nourriture en payant avec l'argent qu'il gagne lui-même c'est-à-dire avec l'argent qu'il touche personnellement.

La roue de fortune distribue les revenus avec la plus grande inégalité; mais l'argent ne fait pas le bonheur; il suffit d'en avoir assez pour vivre avec des goûts modestes, *aurea mediocritas*.

C'est ce que va nous démontrer une revue rapide des inégalités sociales. De toutes les professions, il n'en est pas de plus jalousée par les amis de la bienheureuse paresse et des jouissances matérielles que celle de rentier. Il n'a qu'à toucher ses revenus et n'a autre chose à faire, aux yeux de l'égoïsme, qu'à s'occuper des soins de sa petite personne. Forterente a acheté d'inspiration et contraint par des circonstances particulières un fort lot d'actions de Suez, alors qu'elles étaient très dépréciées. Cela a fait sa fortune aujourd'hui : il est plusieurs fois millionnaire et a un nombre respectable de centaines de mille livres de rentes. Heureusement pour lui, il est sobre, il a des goûts modestes, il n'a pas d'héritiers directs, il emploie ses revenus à distribuer des bourses à des jeunes gens de bonne conduite et qui annoncent certaines aptitudes, il dote des jeunes filles pauvres et secoure les malheureux. Sa fortune exceptionnelle est un heureux accident qui ne sera pas de longue durée. A sa mort, sa fortune sera partagée entre de nombreux collatéraux qui ne pourront pas faire pour le pauvre monde ce qu'il a fait et deviendront messieurs de Courte-Rente. Les uns régleront leurs dépenses sur leurs revenus, élèveront convenablement leurs familles, apprennat à leurs successeurs à ne pas oublier les malheureux ; les autres mèneront la vie à grandes guides et seront bien vite ruinés corps et âmes et seront réduits à vivre d'expédients comme les bohèmes et les lazarones qui passent leurs temps dans la bienheureuse paresse, vivant au jour le jour, d'expédients.

L'homme qui vit sans rien faire, sans se soumettre à la loi du travail est un être peu honorable; il est souvent réduit par la faim, mauvaise conseillère, à vivre d'escroqueries ou de rapines.

Passons en revue les membres des différentes branches de la production.

Les producteurs se classent en agriculteurs, industriels, commerçants. Puis il y a les professions libérales et les fonctions publiques.

L'agriculture traverse une crise manifeste. La grande propriété tend à disparaître, avec le morcellement des fortunes et surtout par suite du mouvement qui attire les bras de la campagne vers la ville.

L'agriculture est encore rémunératrice pour les familles nombreuses travaillant elles-mêmes leurs propres champs et vivant sobrement. Ceux-là vivent heureux et contents en améliorant leurs héritages, leurs vigueurs et jouissant de la santé du corps et de celle de l'âme.

Le cultivateur ne règle pas à volonté les saisons, mais, après les vaches maigres, les grasses. Il a bien des cordes à son arc; il peut vivre heureux et content en travaillant et en élevant sa famille. Toutefois, les cultivateurs, les agriculteurs peuvent se ranger en deux catégories : 1° les laborieux, les sobres, les travailleurs qui vivent honorablement et élèvent leurs familles en travaillant, secourant les malheureux et apprenant à leurs enfants à aimer Dieu qui les engage du fond de leurs consciences à aimer leur prochain et à secourir les malheureux ; 2° les fainéants, les ivrognes qui boivent le pain de leurs familles et ne laissent pas après eux une bonne renommée.

Jetons un coup d'œil sur les productions manufacturières : nous y trouvons des contrastes des plus frappants. En Amérique, ce sera le roi du pétrole, président de la société, ayant acheté 3/4 des actions et plus que milliardaire Son revenu lui permettrait de subvenir aux goûts les plus raffinés. Ils conduiraient à la satiété et au dégoût, si le roi du pétrole n'avait pas le grand souci de soutenir sa position financière, son armée d'ouvriers, d'entretenir les conduites et les puits. Parallèlement, il fait de sa grande fortune un emploi honorable en donnant des subsides pour les ouvriers malades et en distribuant des secours aux églises et aux hôpitaux. Mais il n'emportera pas sa fortune avec lui ; il ne laissera sur la terre que le souvenir de ses bonnes actions et les traces de ses bienfaisances qui en font le collaborateur de la Providence et lui permettront de mourir en paix avec sa conscience.

Si nous jetons un coup d'œil sur les commerçants, nous pouvons les diviser en spéculateurs jouant à la hausse et à la baisse, spéculant sur les besoins d'autrui et se créant par des moyens équivoques des fortunes qui ne feront pas leur bonheur. Mais nous pouvons citer en regard, les honnêtes négociants, achetant loyalement aux prix courants, vendant au juste prix, nécessaire pour faire honneur à leurs affaires et vivre et élevant leurs enfants dans les principes de la probité et de l'honneur et de l'amour du prochain, toujours prêts à secourir les malheureux. Mais chaque profession produit son monde.

A côté des marchands honnêtes et consciencieux, il y a les grippe sous, il y a ceux qui trompent sur la qualité ou sur le poids ; il y a aussi ceux qui suivent la maxime de la vie courte et bonne, qui se ruinent en menant la vie à grandes guides et qui sont sous la domination de l'esprit du mal.

Arrivons aux professions libérales. En tête, nous plaçons le prêtre, le père de sa paroisse, enseignant les enfants, secourant et réconfortant les malades, les pauvres, donnant le précepte et l'exemple de l'amour du prochain. Le prêtre dans sa vocation est le plus bienfaisant et le plus admirable des hommes ; après avoir donné les exemples journaliers de dévouement, il laisse aux malheureux les regrets, il retourne dans un monde meilleur.

Après l'éducateur de l'âme, disons deux mots des éducateurs de l'esprit.

Ils peuvent se classer en deux catégories : celui qui fait son cours pour gagner son traitement ; il est esprit fort et se croit très avancé parce qu'il a épousé les théories de Darvin, et celui qui aime ses élèves pour eux-mêmes, pour leur bonheur futur. Celui-ci sorti de sa classe et rentré dans sa famille n'aura pas crainte d'envoyer son enfant recevoir l'instruction religieuse ; il est le maître de donner à ses enfants les principes qu'il croit les plus propres à assurer leur bonheur : il aura l'approbation de tous les hommes expérimentés et sérieusement amis de l'avenir de l'humanité.

Après les médecins de l'âme et les éducateurs de l'esprit, nous arrivons aux médecins du corps. Le docteur Malcuisant sait fort bien qu'il n'est pas au pouvoir du médecin de voir au juste comment fonctionne la machine humaine. Il sait très bien que, dans bien des cas, la médecine est comme un bâton qui tombe sur le malade quand il ne tombe pas sur la maladie. Mais il a du dévouement, du coup d'œil : la nuit, le jour il est debout ; il réussit à soulager bien des souffrances. Il ne soigne pas rien que les riches, qui le paient généreusement ; il donne avec dévouement des soins aux indigents. Quand un malade est en danger de mort, il ne l'endort pas dans un quiétisme trompeur, il sait lui donner à entendre le péril de sa position de la

manière la plus ingénieuse, il avertit la famille
pour qu'elle puisse prévenir le prêtre. Malcuisant
est aimé et estimé de sa clientèle, il a le cœur
content.

Bontemps fait grand étalage de son savoir et de
son pouvoir comme médecin, mais il ne se dé-
range pas pour les pauvres. Sa clientèle n'aug--
mente pas, elle diminue ; il ne passe pas pour être
la providence de ses clients, il s'endort dans un
sot orgueil, mais il ne porte pas un sérieux conten-
tement au fond du cœur.

Nous sommes dans le siècle des avocats. On
peut les diviser en deux catégories : ceux qui ac-
ceptent toutes les causes, bonnes et mauvaises, partant de ce principe qu'avec la magistrature assise
ou endormie, les meilleurs procès se perdent et
les plus mauvais se gagnent, et les avocats consciencieux qui étudient un procès pour s'assurer des
droits de leurs clients et les défendre en leur âme et
conscience.

Ces avocats qui honorent leur profession, n'auront pas crainte d'affronter la colère du pouvoir
quand il commet des actes arbitraires ou injustes ;
ils ne gagneront pas toujours leurs procès mais ils
emporteront l'estime des gens qui écoutent la voix
de la justice.

Terminons cette revue sommaire des professions
libérales par un coup d'œil sur la *Presse*, cette
louve hargneuse.

*Les journalistes et leurs œuvres.* — Les journalistes se distinguent en deux catégories, les croyants à la justice et à l'immortalité de l'âme, et les incroyants n'y croyant pas. Morte la bête, morte le venin. Les premiers soutiennent une justice équitable pour tous, notamment la liberté des parents chrétiens d'élever leurs enfants dans les écoles où on apprend le catéchisme, qui enseignent la lutte contre les passions, l'égalité des hommes devant Dieu, tous enfants d'un même père céleste.

Les seconds font parade d'incrédulité. Ils professent le culte de la libre-pensée qui est tout le contraire de la liberté de penser; parce qu'ils ne croient à rien, ils veulent que les autres hommes s'inclinent devant leur savoir. L'homme qui a besoin de tout, s'enfle d'orgueil, comme la grenouille de la fable: « la chétive pécore s'enfla si bien qu'elle creva ». Parce que le libre-penseur ne croit pas à Dieu, il exige que tous les hommes lui ressemblent. Il veut que le catéchisme, cet excellent petit livre, ne fasse pas son apparition dans le moindre coin de l'école primaire, de peur de troubler le quiétisme des incroyants et de perpétuer sur l'enfant la notion innée d'un Être suprême et d'une justice éternelle, préceptes transmis, avec preuves à l'appui, de générations en générations chez tous les peuples chrétiens. Faut-il que l'amour-propre égare les esprits d'une si terrible manière, pour exiger que les autres hommes s'inclinent devant leur ignorance, leur orgueil ou leur paresse de penser, et que la seule religion qui commande aux hommes à être plus forts que leurs passions et à s'aimer comme des frères, soit mise au banc de la civilisation?

L'histoire est là pour montrer qu'il y a civilisation et civilisation ; civilisation matérialiste et païenne, qui ne dure pas, et civilisation vraiment chrétienne, qui possède en elle-même la source du progrès véritable.

L'homme seul est bien faible. Au-desus de la volonté et du pouvoir de l'individu il y a la volonté et le pouvoir du nombre et du chef qui commande pour réunir librement autant que possible, les efforts des volontaires liés dans l'intérêt général. Dans les chantiers, il y a les chefs de chantier qui commandent les mouvements, et les résultats obtenus sont sensés croître, comme le nombre, les efforts des ouvriers qui obéissent à la parole. Mais il y a les mauvais ouvriers qui poussent en retenant et qui comptent peu ou même négativement dans le résultat utile qui est vicié par l'esprit de contrariété ou de paresse.

Il y a aussi des sociétés de bienfaisance dont les membres se cotisent pour obvier aux besoins des malheureux.

La volonté ne doit pas s'étudier isolément chez l'individu seul, mais dans les grandes manifestations qui tendent à réunir les volontés éparses, dans un but commun, en vertu de la règle : l'union fait la force.

Avant le règne de la justice, il y a le règne de la force. Dans les sociétés en formation, d'émigrants sur la limite des tribus sauvages, le régime du sabre est le seul applicable. C'est l'autorité militaire qui rend des jugements sommaires et qui les applique. Ainsi, au Canada, dans les provinces de l'ouest, la police montée exerce le pouvoir administratif et judiciaire *manu militari*, dans les places où les pouvoirs publics n'ont pas accès, aux confins des tribus sauvages. Mais dans les pays civilisés, il y a des constitutions et la séparation des trois pouvoirs, législatif, administratif et judiciaire, enfin la force publique qui assure l'application des lois

Comme le règne de la force précède celui de la justice sur la terre, parlons d'abord de l'armée.

Pour assurer la sécurité du pays au dedans et au dehors, la force armée est nécessaire pour prêter main forte à la loi, protéger la nation contre l'étranger d'après l'adage : « *Si vis pacem, para bellum.* »

Le militaire doit écouter les ordres des chefs et faire ce qu'on appelle la volonté des autres ou obéir. Le simple soldat doit obéissance au sous-officier qui lui commande et qui lui-même doit obéir à ses supérieurs, dont le plus élevé doit obéissance au ministre. Les ministres se divisent en deux catégories: ceux qui, libre-penseurs, croient ne dépendre que de leur bon plaisir et qui font de l'arbitraire, du favoritisme et même de la persécution contre les croyances religieuses et ceux qui sont convaincus de la nécessité d'un pouvoir supérieur dont la voix se fait entendre au fond de la conscience de tout homme venant en ce monde. Les militaires peuvent se ranger en deux catégories, ceux qui (et c'est l'immense majorité en France) sont toujours prêts à verser leur sang pour la patrie et qui comme d'Assas sont prêts à pousser ce cri héroïque : « A moi, Auvergne, c'est l'ennemi, » ou comme Cambronne : « La garde meurt, mais ne se rend pas. »

Mais si, comme militaire l'obéissance est due au chef dans le service, le militaire père de famille a la libre disposition de l'éducation de ses enfants. Il est payé par la patrie pour défendre la patrie. Il n'est pas payé pour élever ses enfants, suivant le bon plaisir d'un ministre orgueilleux et intolérant payé lui-même par la patrie.

Disons rapidement deux mots de la magistrature, chargée de rendre la justice aux citoyens. Les juges se classent en deux catégories : ceux qui croient à la justice supérieure et qui appliquent les lois en leur âme et conscience, et ceux qui ne croyant pas à la justice de Dieu rendent des services et non pas des arrêts, et ne croient pas qu'ils auront à en rendre compte un jour.

Dans les sociétés modernes, les conseils municipaux ont des attributions variables, déterminées par le pouvoir législatif. Citons seulement deux exemples pour montrer comment la justice distributive est faussée par le libre penseur qui ne croit dépendre que de son arbitraire et non pas de la justice éternelle.

De nos jours les conseils municipaux ont dans leurs attributions le choix du personnel qui soigne les malades dans les hôpitaux. Etant posée la question de laïciser un hôpital municipal, c'est-à-dire de remplacer les sœurs qui soignent les malades avec le dévouement de personnes qui se sont consacrées à Dieu et au prochain, par des infirmières qui coûtent beaucoup plus cher, parce qu'elles ont des maris et des enfants, et qui n'ont pas un dévouement aux malades aussi exclusif; on verra des conseils municipaux où les libres penseurs sont en majorité voter par esprit d'orgueil et d'intolérance cette laïcisation. Les médecins les plus impartiaux, les plus éclairés auront beau protester, les sœurs n'auront qu'à s'incliner en attendant qu'une épidémie de peste ou de choléra force à faire appel à leur dévouement.

Cela prouve que le règne de la justice n'est pas de ce monde. L'esprit du mal travaille à l'ébranlement des volontés et les empêche d'aboutir au règne de la paix par l'amour de Dieu et du prochain.

Citons encore pour exemple la question de la suppression du budget des cultes. La suppression de ce budget, sous un gouvernement athée, pourrait être désirable pour assurer l'indépendance du clergé. Cependant cette suppression maintes fois proposée par les radicaux et les partis se disant avancés a été jusqu'ici rejetée pour un motif peu avouable, celui de tenir le clergé dans la main du pouvoir pour le prendre par la famine en supprimant le traitement. Quand Jésus-Christ disait : Mon royaume n'est pas de ce monde ; ce qui se passe de nos jours en démontre surabondamment la vérité. Ce qui se passe en Chine aujourd'hui est bien suggestif, pour montrer la puissance de l'esprit de mensonge, si funeste à l'humanité. Des missionnaires vont dans le Céleste empire apporter la bonne nouvelle, de tous les hommes enfants d'un même père, devant s'aimer comme des frères. Ces bons missionnaires font des prosélytes, mais ils sont contredits par l'action mercantile des Anglais, par exemple, qui vendent aux Chinois de l'opium. Non seulement l'opium démolit les santés les plus robustes, mais il transforme l'individu le mieux établi intellectuellement en un être fantastique, bizarre, grincheux et méchant. Etrange manière d'importer la civilisation que d'y introduire un abrutissant narcotique ! Les pouvoirs publics, le peuple, s'alarment contre les Européens vendeurs d'opium ; et les pauvres missionnaires inof-

fensifs sont frappés et martyrisés comme européens ! Les nations européennes prennent-elles les
armes pour défendre leurs nationaux, il se trouve
des feuilles libre-penseuses déclarant que le tort est
aux missionnaires. Fallait pas qu'ils y allassent.
On leur fait un crime en France de servir un prince
étranger, comme si le Saint-Père, père des chrétiens du monde entier était un simple prince italien
et non pas le père spirituel et vénéré de tous les
chrétiens du monde. Ces accusations ne peuvent
atteindre les missionnaires, qui par amour du prochain, font journellement le sacrifice de leurs vies
et ne songent qu'au jugement de Celui que les sauvages eux-mêmes appellent le maître de la vie.

Après ces exemples de dévouement allant jusqu'au martyr, il est intéressant de jeter un coup
d'œil rapide sur l'expression des dernières volontés
d'un mortel passant de vie à trépas. Cette expression ne semble pas demander beaucoup de sacrifices ; elle est pourtant fort intéressante, pour
montrer comment les hommes, au moment du
grand voyage, sous une influence supérieure, se
rattachent, avec des sentiments bien différents, à
l'intérêt de leurs familles ou de l'humanité.

Les testataires peuvent se ranger en deux catégories : ceux qui veulent continuer à travailler au
bonheur de l'humanité par leurs épargnes, continuer l'œuvre de providence, en fondant des lits
dans les hôpitaux, dotant des jeunes filles pauvres

après avoir pourvu dans les limites du possible,
aux besoins de leurs familles, et ceux qui, au contraire, semblent avoir juré de se moquer de
l'humanité, comme cet original du Testament ex-
pliqué par Esope, ou comme cette Anglaise qui
vient de fonder un hôpital de chats.

Il y a des mortels bien étourdis, jusque dans
l'expression de leurs dernières volontés. N'est-ce
pas le cas de dire : « Pardonnez-leur, Seigneur,
car ils ne savent pas ce qu'ils font ; le poison du
fruit défendu les a grisés ! »

# CHAPITRE VI

Point de vue géographique et historique.— Les peuples
de la terre qui n'ont pas reçu les lumières de l'Evangile sont anthropophages, ils mangent leurs prisonniers de guerre et sacrifient des femmes et des enfants à des divinités cruelles.

---

L'histoire apprend ce que les hommes écoutant
l'esprit du bien ou l'esprit du mal ont fondé dans
les différents pays de la terre, et la géographie ce
que les différents pays de la terre, transformée
pendant des temps historiques, font à leurs habitants.

Jetons un rapide coup d'œil géographique pour
voir l'influence des croyances dans les différentes
contrées du globe.

Commençons par le vaste empire chinois, situé
au nord de l'extrême Orient et qui compte 400
millions d'habitants. Il possède la législation de
Confucius qui vivait cinq cents ans avant Jésus-
Christ. Il a découvert depuis 2,000 ans la poudre à
canon et l'imprimerie. Si les découvertes matérielles suffisaient pour assurer le progrès, la gran-
deur et la prospérité d'une nation, la Chine devrait
être arrivée au faîte de la perfection, mais séparés
du reste des humains par la grande muraille, le fils

du Ciel et les mandarins y jouent avec la vie humaine et les prêtres du Dieu Bouddha entretiennent des préjugés contre les étrangers, et les sorciers exploitent la crédulité populaire.

On y pratique une morale facile pour les grands. Un chinois peut avoir autant de femmes qu'il peut en entretenir. Une coutume barbare, inventée par la jalousie du sexe fort a introduit, dans les classes aisées, l'usage de déformer dès leur enfance les pieds des femmes de qualité en les emprisonnant dans des brodequins de fer,

Le Chinois est généralement menteur, voleur et lâche; il devient cruel en écoutant les mensonges propagés par les bonzes contre les chrétiens et contre les missionnaires venant prêcher les préceptes de l'Evangile: l'égalité des hommes devant Dieu et l'amour du prochain. Cet enseignement, il faut le dire, est contredit par les agissements mercantiles des négociants européens, notamment des Anglais qui se préoccupent avant tout de gagner de l'argent et très médiocrement d'évangéliser la Chine; ils veulent vendre leur opium malgré les défenses du gouvernement du Céleste empire. Il s'en suit que les bons missionnaires, ces bêtes au bon Dieu, paient pour les coupables européens, empoisonneurs et trompeurs. Les missions sont incendiées et dévastées; missionnaires et néophytes subissent des supplices affreux, alors qu'ils ne sont coupables que

d'apporter, nous ne saurions trop le répéter, la
bonne nouvelle de l'égalité des hommes devant le
même père céleste avec le grand principe : aimez-
vous les uns les autres. La puissance de l'esprit
du mal est encore si grande que missionnaires et
néophytes sont périodiquement persécutés et mis
à mort dans les supplices les plus affreux. On
leur coupe les oreilles, crève les yeux, arrache
la langue, puis on les jette vivants sur un brasier
ardent lorsqu'on ne se borne pas à leur trancher
la tête.

Si nous arrivons à l'Inde qui passe pour être le
berceau de la civilisation, elle a été bien modifiée
par le protectorat anglais, dans ces derniers
temps. Nous y trouvons le culte de Brahma, avec
les castes qui établissent la plus grande séparation
entre les classes sociales. Au bas de l'échelle, les
parias constituent une classe légendaire de mé-
prisés. On a vu dans ces derniers temps, des filles
de parias, enrichies par le commerce avec les
Anglais, refusées en mariage dans les autres
castes.

C'est dans l'Inde que l'on trouve les fakirs qui
font les vœux les plus insensés ; tels que de rester
pendant un certain temps, les bras en l'air, en
fixant le soleil. Les Anglais ont eu beaucoup de
peine à faire disparaître la barbare coutume qui
voulait que la femme se brûlât vivante sur le bû-
cher de son époux défunt. C'est dans l'Inde qu'on

trouvait naguère la secte redoutable des Tugs qui faisaient métier d'étrangler leurs semblables pour les débarrasser des maux de la vie et surtout pour complaire à une divinité farouche nommée Théogadi.

Dans l'Afrique équatoriale, les malheureux nègres étaient, jusqu'à ces derniers temps, terrorisés par des tyranneaux cruels, tels que Béhanzin et Samory qui jouaient avec la vie humaine. La femme y est encore vendue par son père ou son oncle, comme un vil bétail, à des vieillards qui l'afferment à de jeunes débauchés. Son sort est des plus abjects.

Des mégères font métier d'étouffer les enfants nés sous de mauvaises présages ou ayant des dents trop longues.

M. Leroy, dans un récent rapport à la *Société anti-esclavagiste* évalue aux huit dixièmes le nombre des enfants fauchés ainsi à la fleur de l'âge. Enfin on a vu, dans certaine partie de l'Afrique, des quartiers de chair humaine vendus sous les fenêtres de nos chefs de poste, qui poussaient à l'excès le respect de coutumes abominables, honte de l'humanité.

En Amérique, les Peaux-Rouges disparaissent de plus en plus devant les progrès de la race blanche.

Les Indiens, nous voulons dire les sauvages, adorent des fétiches qui portent malheur ou

bonheur. Ils ne reconnaissent que le droit du plus
fort. Les prisonniers sont mis à mort avec des
raffinements de tortures les plus grands, et, dans
certaines peuplades, mangés dans des festins
de cannibales.

Les conquérants européens ne se livrent pas à
des coutumes aussi sanguinaires, mais ils sont
loin de donner tous l'exemple de la vertu, de l'a-
mour du prochain. Un grand nombre se préoccupent d'écouler leurs marchandises, d'acheter
aux trappeurs des peaux ou des produits du sol
pour faire fortune et portent peu d'intérêts à ces
pauvres sauvages qu'ils abrutissent en leur vendant des eaux-de-vie de la qualité la plus to-
xique.

Malgré les progrès importés par les nations
chrétiennes, l'esprit de mensonge, l'amour exces-
sif des richesses exerce encore de grands ra-
vages. Les européens, comme nous l'avons dit,
procèdent le plus souvent au nom de leurs intérêts commerciaux et matériels et s'occupent médiocrement de propager les principes prescrits par
le christianisme.

Enfin, dans la 5e partie du monde, la Polynésie,
on trouve des traces dégénérées, comme les Ca-
naques, avec cette croyance que l'humanité est
gouvernée par deux esprits, le bon et le mauvais.
Le bon, qui n'a pas besoin de prières pour être
bon et le mauvais, qui réclame des sacrifices san-

glants pour être apaisé. Cette doctrine n'accuse pas un grand fond de générosité.

C'est dans la Polynésie qu'on trouve la coutume monstrueuse de manger ses parents. Quand un père est devenu vieux, à un moment donné, la famille le soulève au pied d'un arbre; le vieillard s'accroche à une branche et quand il lâche prise, les enfants se précipitent, l'égorgent, le dépècent, le cuisent et le mangent. Ils sont sortis du père; le père rentre dans le ventre des enfants.

Ces populations avilies vont en se dégradant de plus en plus, plutôt qu'en se perfectionnant. Les navigateurs les trouvent dans un état pitoyable d'avilissement. Aussi la population n'augmente pas, ni en vigueur, ni en nombre.

Après cet exposé sommaire. est-il possible de soutenir que toutes les religions sont bonnes ou indifférentes? La plupart sont un culte à l'esprit du mal; elles sont donc essentiellement mauvaises. Mais hâtons-nous d'ajouter qu'il est possible, dans toutes les religions, de mériter une bonne place dans un monde meilleur en suivant la religion naturelle.

# CHAPITRE VII

Pour mériter une récompense éternelle, il fallait que l'homme fût fait capable de mériter ou de démériter — Les matières élémentaires sont simplement utilisables, le beau ou le mauvais goût ne sont pas la preuve de la conformité de leur usage avec notre destinée. — Le vrai bonheur ne consiste pas dans les jouissances matérielles, mais dans les services rendus à autrui. — La création; supériorité du récit de Moïse sur toutes les hypothèses. — Du transformisme. — Fables du paganisme. — Le Christ Rédempteur du monde apprenant aux hommes à se faire Dieu, par la voix du sacrifice. — Conclusion.

---

L'individu humain, chacun le sait, passe journellement par les états d'éveillé, intervenant volontairement dans sa destinée et d'endormi, passant la main à des pouvoirs physiologiques et psychologiques qui dépassent son savoir et son pouvoir.

A l'état d'éveillé, son corps est comme la tapisserie de Pénélope. Le travail d'entretien est toujours à recommencer.

Le plaisir immédiat causé par l'usage des objets qu'il rencontre *hic et nunc* à sa disposition est loin d'être la preuve de leur conformité à l'accomplissement de sa destinée. Beaucoup d'objets d'aspect agréable sont de funestes poisons, et parmi les objets de consommation courante, il en est, comme le vin par exemple, qui ne sont salutaires que suivant la dose et l'à-propos.

L'emploi le plus fructueux que nous puissions faire, on ne saurait trop le répéter, de nos ressources personnelles, est de les appliquer, non seulement au soulagement de nos propres misères, mais au soulagement des misères des autres.

Au point de vue de l'emploi des objets utilisables, les humains peuvent se partager en deux catégories : ceux qui abusent des jouissances sensuelles immédiates et qui aboutissent au dégoût de la vie, comme cet Anglais qui disait : je n'ai plus de goût à rien, et ceux qui en usent avec sobriété et qui mettent leur bonheur à soulager les misères d'autrui et sont ainsi les collaborateurs de la Providence. *Dispersit dedit pauperibus, cornu ejus exaltabitur in gloria.*

A chaque bonne action, l'homme secourable éprouve une jouissance supérieure qui est une preuve que l'homme est fait pour remédier volontairement aux conditions misérables de son entourage.

L'enfant a besoin pour vivre, de parents dévoués ; l'adolescent a également besoin de la bienveillance des parents et de la société, il a besoin surtout d'initiateurs éclairés qui lui transmettent les connaissances communes nécessaires à la vie courante, telles que lire, écrire, compter, connais-

sances élémentaires d'histoire et de géographie
dans ses rapports avec la vie sociale actuelle.
Pour remplir des fonctions libérales ou une profession publique, il lui faut surtout des connaissances spéciales; il faut qu'il apprenne, qu'il fasse
un stage avant de pouvoir servir utilement. Si,
comme consommateur, il peut promptement em-
ployer tout, comme producteur il faut qu'il excelle
dans un savoir et un pouvoir particulier; il faut
qu'il sache se servir de tout, non seulement pour
ses propres besoins mais pour ceux du prochain.

L'enfant est protégé par les parents; les parents
par le gouvernement. Mais parmi les gouvernants,
il y en a de bienveillants et de tyranniques. Il y
en a qui font les plus belles promesses au pauvre
monde pour obtenir les suffrages et arriver au
pouvoir. Quand ils le détiennent, ils sont partiaux
et égoïstes. Ils font du bien à leurs amis et estiment que le peuple qu'ils leurrent par de belles
promesses est au fond taillable et corvéable à
merci. Et les choses seront ainsi tant que les gouvernants ne reconnaîtront pas le pouvoir d'en
haut, supérieur à leurs caprices. Se croyant sûrs
de l'impunité, ils foulent aux pieds les règles de la
justice.

A ce point de vue les gouvernants peuvent se
classer en deux catégories: ceux qui, grisés par
leur orgueil, ne voient pas de pouvoir supérieur
à leur volonté, qui croient que les fonctionnaires

leur doivent une obéïssance passive, parce qu'ils les paient; mais ils oublient que c'est avec l'argent des contribuables. Et ceux qui n'ont pas cessé d'écouter la voix d'une bonne justice distributive, voix qui parle au fond de tout homme venant en ce monde, tant qu'elle n'a pas été étouffée par l'esprit du mal et par l'ivresse des passions. En un mot, il y a les gouvernants qui ne voient pas de pouvoir supérieur au leur, et ceux qui n'oublient pas la justice de Dieu parlant au fond de la conscience.

Mais, disent les sceptiques et les libre penseurs, peut-on raisonnablement admettre l'existence de Dieu ? Dieu n'est il pas une invention humaine, pour exploiter la crédulité des âmes faibles et endoctriner les femmes et les enfants ! L'objection de la prescience n'est-elle pas irréfutable ? « Quand Dieu met au monde un homme, il sait d'avance s'il sera damné ou sauvé ! S'il le met au monde, sachant qu'il sera damné, celui-ci ne peut échapper à son malheureux sort, donc, Dieu est méchant, Dieu n'existe pas ». La réponse est simple. Quand Dieu envoie au monde un homme, il ne sait pas purement et simplement que cet homme sera damné. Il sait toutes les inspirations qui lui seront suggérées pour ne pas nuire à son semblable; en regard du persécuteur, il voit le persécuté. Il voit ce dernier grandir moralement par son courage, par sa patience à supporter les contrariétés, même le martyre; Dieu peut-il, sans injustice, priver les bons du mérite à supporter héroïquement les souffrances et les persécutions ? Peut-il, sans contradiction, placer parmi les élus ceux qui systématiquement refusent d'écouter la voix de la sagesse.?

L'objection de la prescience repose sur un point de vue étroit et incomplet de la pénétration divine.

Le récit de la Genèse, sur l'origine du monde et de l'homme, n'est-il pas une fable à dormir debout, complètement inadmissible ?

Ce récit comporte l'examen le plus sérieux pour tout esprit fidèle observateur des conditions de la vie humaine. D'abord au point de vue géologique, il est loin d'être en contradiction avec les découvertes de la science. Les jours de la Genèse représentent des époques, des temps absolument comme quand on parle de renaître, *novissima dies*, le mot *dies* ne signifie pas jours de 24 heures mais âges, époques, mondes meilleurs — Primitivement, dit la Géologie, la terre était en fusion ignée, inhabitable et inhabitée; c'est pourquoi on ne trouve aucun fossile dans les roches primitives; les animaux vivants n'existaient pas. Ce n'est qu'après une longue période de temps, que les mollusques, les reptiles, firent leur apparition; les oiseaux précédèrent les quadrupèdes et l'homme parut en dernier lieu. Il n'a pas toujours existé, il a même fait son apparition à une époque très rapprochée. Sa formation, telle qu'écrite par la Ge-

nèse qui lui donne une date certaine mérite le
plus sérieux examen.

Comment Dieu s'y prit-il, pour former le premier homme? N'ayons crainte d'entrer dans des
détails ; ils portent leurs enseignements.

Dieu prit de la terre pour en former le corps,
puis il souffla dessus pour lui donner une âme
immortelle. Il y a donc dans l'homme deux par-
ties bien distinctes, le corps et l'âme. Le corps
matériel, qui a besoin d'être entretenu avec les
produits de la terre et l'âme indestructible, susceptible de prévoir, de se rappeler, d'imaginer,
d'adopter ou de rejeter les projets les plus divers
avant toute application. L'homme est un être capable de former une société modèle et privilégiée.
Il fallut que Dieu assurât sa reproduction par des
moyens concordant à ses desseins. Il tira une côte
du corps d'Adam pendant son sommeil et en
forma la première femme. Celle-ci sortie du premier homme, était destinée à donner le jour à
toute la race, en telle manière que tous les
hommes ne fissent qu'un, étant plusieurs, ayant un
seul cœur et une seule âme, s'ils n'avaient pas dé-
sobéi aux ordres du Créateur, pendant l'épreuve
terrestre.

Le premier couple humain ne devait pas
mourir, mais il s'est laissé séduire par le serpent
qui leur dit que s'ils mangeaient du fruit défendu,
ils deviendraient les égaux de Dieu. Le fruit dé-

fendu contenait un narcotique subtil, le germe des
sept péchés capitaux.

N'y a-t-il rien là d'inadmissible? Le vin, les
liqueurs fermentées ne conduisent-ils pas aux plus
graves désordres? Différentes substances, telles
que les élytres métalliques de certains insectes,
ainsi de la cantharide, n'allument-elles pas le feu
des passions, tandis que d'autres matières comme
le nénuphar, le millepertuis, nommé *fruga demo-
nium* les calment.

Le fruit de l'arbre du paradis terrestre portait
avec lui son remède. La connaissance du mal
était contrebalancée par la connaissance du bien.
Forcé de ne pas ignorer le bien et le mal,
l'homme restait libre d'appliquer la connaissance
du bien plutôt que celle du mal. L'homme reste le
maître de faire triompher l'ange sur la bête ou la
bête sur l'ange.

Il est avéré que le peuple juif est le seul qui
possède une histoire de l'origine du monde avec
dates certaines.

Le récit de Moïse dans la Genèse n'est point en
contradiction avec les découvertes de la Géologie.
Cette science constate, nous le répétons, que la
terre primitivement en fusion ne pouvait se prêter
à l'existence d'aucun être vivant. Les végétaux et
les animaux ont apparu à mesure que la croûte
terrestre leur permit de se développer, suivant les
exigences de leurs espèces. Mais tous les animaux

sont guidés par leurs instincts très limités; ils n'ont pas la parole, mais seulement quelques cris insuffisants pour communiquer des pensées suivies ; c'est ce point qui rend infranchissable le passage de l'état d'animal ou de bête à l'état d'homme.

Mais l'humanité avant d'arriver au degré actuel de perfection, n'aurait-elle pas passé par un âge de pierre où les hommes réfugiés dans des cavernes se servaient de haches en silex ou de flèches armées de pierres taillées dont les géologues ont trouvé des spécimens dans quelques grottes à côté des squelettes d'ours qu'ils ont servi à abattre ?

Ce système est démoli par les observations les plus consciencieuses et par le raisonnement le plus simple. Le premier homme, le premier couple humain n'a pu faire son apparition sur la terre à l'état d'enfant. Sans les soins de parents, il serait mort en peu de jours de misère et de faim, surtout dans des cavernes. Et comment y aurait-il pu naître? Car, ne l'oublions pas, l'état igné de la croûte terrestre démontre que l'homme n'a pas toujours existé.

De tout temps et dans tous les lieux et pendant la période géologique actuelle, les naufragés, les évadés des différentes civilisations se sont réfugiés dans des cavernes, se sont servis de flèches armées de pierres taillées ; leur emploi ne repré-

sente pas un âge de l'humanité. A une époque
primordiale les hommes ont su de très bonne
heure forger les métaux. La pierre taillée indique
simplement un état accidentel d'individus privés
éventuellement de ressources sociales ; cet état
est commun à tous les âges de l'humanité.

Les découvertes de flèches et de haches armées
de silex dans quelques grottes renfermant des
ossements d'animaux, prouvent que l'aventurier
a vécu dans ces cavernes à une époque plus ou
moins récente, plus ou moins reculée; mais il
n'indique pas comment il a pu y naître. N'est-
ce pas un contre bon sens de peupler la terre avec
des évadés de cavernes, fort rares d'ailleurs, de
peur d'admettre que les contrées plantureuses qui
avoisinent le Tigre et l'Euphrate et non les cavernes ont servi de berceau à l'humanité.

Mais, diront les libres-penseurs, au-dessus du
récit fantastique de la Genèse et de l'origine du
monde et de la création de l'homme, n'y a-t-il pas
la doctrine scientifique des évolutions ou du
transformisme, d'après laquelle les êtres passent
de l'échelon inférieur à l'échelon supérieur, suivant la loi du progrès. Le madrépore devient mollusque, le mollusque devient poisson, oiseau, qua-
drupède, quadrumane, singe et finalement
homme. A cela, la réponse est simple.

La séparation des espèces est constante. Les
mulets n'ont pas le pouvoir de se reproduire et

de fonder des espèces nouvelles; ils n'ont pas le pouvoir d'engendrer · indéfiniment leurs semblables. Les mulets ne s'obtiennent d'ailleurs que par croisement avec des espèces voisines. On n'a pas de specimen de croisement humain avec les races animales. Les quelques monstres, survenus par hasard, ne peuvent servir de base à un transformisme de bête en homme et surtout en homme raisonnable et amélioré.

Le paganisme a inventé des fables où les dieux de l'Olympe séduisirent des mortelles et engendrèrent des demi-dieux descendant des dieux à l'homme. Les naissances capricieuses des fables païennes ont cette grande différence avec le transformisme que celui ci repose sur un prétendu progrès inventé à plaisir contrairement aux données de la science, et celles-là sur un dégradation descendant des dieux à l'humaine nature.

Jupiter, le père des dieux se changeant en oiseau pour séduire Léda, ayant elle-même des goûts peu naturels, une semblable fable n'a pu être suggérée que par l'esprit de débauche et de mensonge. Et quant à la transformation des madrépores en poissons et des animaux inférieurs en animaux supérieurs, tant qu'on n'aura pas trouvé le moyen pratique d'effectuer la moindre de ces transformations, ce sera rêve de cerveaux malades ou gratuite supposition de l'esprit de mensonge. Une observation bien simple détruit tout l'échafaudage du transformisme : c'est cette remarque que tous les animaux, le singe compris, ne se transforment jamais d'une espèce en une autre, mais que la reproduction s'opère par espèces, suivant des lois constantes.

L'hypothèse du transformisme n'a pas de valeur scientifique.

Les descendants d'Adam vécurent fort longtemps, 900 ans et plus. Leur souvenir est rappelé, dans la fable par les Titans, qui voulurent escalader le ciel. La race humaine devint si perverse que Dieu résolut de la faire disparaître dans un déluge. Noé et ses trois fils trouvèrent grâce devant Lui. Après le déluge, ils repeuplèrent la terre. Sem eut l'Asie, Cham l'Afrique et Japhet l'Europe. Le peuple juif, peuple choisi de Dieu, dans ses desseins impénétrables, a reçu des mains de Moïse, sur le mont Sinaï le décalogue, règle unique et admirable de conduite, code unique et supérieur.

Les écrits de Moïse sont autrement sérieux que la fable de Deucalion et de sa femme Pyrrha repeuplant la terre en jetant derrière eux des pierres qui se changeaient en hommes. Les civilisations antiques, celles des Assyriens, des Egyptiens, des Grecs et des Romains avaient le paganisme à leurs bases, le culte des idoles. Elles pouvaient bien procurer les jouissances matérielles aux privilégiés de la fortune, mais elles avaient pour base l'arbitraire des tyrans qui d'ailleurs vivaient dans des angoisses continuelles et règnaient par la terreur.

Denys, le tyran de Syracuse, de peur d'être assassiné avait appris à ses filles à le raser avec des coquilles de noix. Son sort n'était pas digne d'envie.

Un jour à Rome on crucifia 400 esclaves par ce qu'un sénateur avait été assassiné.

Enfin le Christ vint apportant la bonne nouvelle, déclarant tous les hommes enfants d'un même père céleste et égaux devant Dieu. Le culte de la force brutale était attaqué en face et toutes les passions honteuses personnifiées par les dieux du paganisme étaient combattues par la persuasion, par la douceur.

Avec le Christ, après la merveille de la création des mondes par le Tout-Puissant, nous voyons apparaître la merveille inverse d'un Dieu se faisant homme pour confondre et remettre au point le sot orgueil des grands de la terre, se pavanant de biens et de richesses qu'ils ont reçus tout faits, dont ils savent user et abuser, mais qu'ils n'ont pas préparés.

Le mérite n'est pas d'avoir reçu de grands biens de ses auteurs ou des caprices de la fortune, mais d'en faire un emploi charitable pour être le collaborateur de la divine Providence.

Tous les biens de la terre sont passagers ; avec

la matière molléculaire les réalisations ne sont jamais qu'éphémères; leurs usages avec notre corps corruptible ne conduit qu'à des jouissances infimes et passagères et au dégoût quand elles sont abusives. Ce n'est pas dans l'inerte matière que l'homme trouvera des jouissances durables; c'est dans les services rendus aux autres hommes pour les sortir du bourbier actuel.

Encore une fois, après la merveille du monde extérieur sortant du néant à la parole de Dieu et après la chute de l'homme, ayant sur les conseils du serpent, mordu au fruit défendu pour devenir l'égal de Dieu, la merveille du Dieu fait homme apparaît pour apprendre à l'homme à se grandir par la patience, l'humilité, la chasteté, de manière à mériter la récompense éternelle.

*Oculus non vidit, decorus audivit,*
*Quæ preparavit Deus, is quid delicunt illum.*

## CONCLUSION

Toute connaissance a lieu à la faveur de la lumière incréée qui éclaire tout homme venant en ce monde; donc Dieu connaît nos plus secrètes pensées puisqu'Il les éclaire.

www.ingramcontent.com/pod-product-compliance
Lightning Source LLC
Chambersburg PA
CBHW070818210326
41520CB00011B/2004